稻萍鸭

生态种养技术

DAO PING YA SHENGTAI ZHONGYANG JISHU

农业农村部农业生态与资源保护总站　组编

徐国忠　主编

U0239234

中国农业出版社

北　京

本书编写人员

主　　编　徐国忠
副主编　郑向丽　应朝阳　王俊宏
参编人员　杨有泉　李振武　邓素芳
　　　　　陈　恩

序

　　中共十八大站在历史和全局的战略高度，把生态文明建设纳入中国特色社会主义事业"五位一体"总体布局，提出了创新、协调、绿色、开放、共享的发展理念。习近平总书记指出："走向生态文明新时代，建设美丽中国，是实现中华民族伟大复兴的中国梦的重要内容。"中共中央、国务院印发的《关于加快推进生态文明建设的意见》和《生态文明体制改革总体方案》，明确提出了要协同推进农业现代化和绿色化。建设生态文明，走绿色发展之路，已经成为现代农业发展的必由之路。

　　推进农业生态文明建设，是贯彻落实习近平总书记生态文明思想的必然要求。农作物就是绿色生命，农业本身具有"绿色"属性，农业生产过程就是依靠绿色植物的光合固碳功能，把太阳能转化为生物能的绿色过程，现代化的农业必然是生态和谐、资源可持续、环境友好的农业。发展生态农业可以实现粮食安全、资源高效、环境保护协同的可持续发展目标，有效减少温室气体排放，增加碳汇，为美丽中国提供"生态屏障"，为子孙后代留下"绿水青山"。同时，农业生态文明建设也可推进多功能农业的发展，为城市居民提供观光、休闲、体验场所，促进全社会共享农业绿色发展成果。

农业生态文明思想起源于古老的中国，中国自春秋时期就懂得用地养地的道理以及物理杀虫、人工除草等做法。农牧结合、稻田养鱼、桑基鱼塘等农业生态模式在历史上曾经极大推动了文明和经济的发展。当前，我国农业生态文明建设已进入提供更多优质生态产品以满足人民日益增长的优美生态环境需求的攻坚期，也到了有条件、有能力发展环境友好农业的窗口期。多年来，从事农业生态研究的学者和实践者扎根农业生产一线，按"整体、协调、循环、再生"的原则，围绕农业生态文明建设开展了广泛、系统的实践和研究，探索总结出了丰富多样的应用技术。

为推广农业生态技术，推动形成可持续的农业绿色发展模式，从2016年开始，农业农村部农业生态与资源保护总站联合中国农业出版社，组织数十位业内权威专家，从资源节约、污染防治、废弃物循环利用、生态种养、生态景观构建等方面，多角度、多要素、多层次对农业生态实用技术开展梳理、总结和归纳，系统构建了农业生态知识体系，编写形成了《农业生态实用技术丛书》。丛书中的技术实用、文字简洁、步骤详尽、脉络清晰，技术可推广、模式可复制、经验可借鉴，具有很强的指导性和适用性，将为广大农民朋友、农业技术推广人员、管理人员、科研人员开展农业生态文明建设和研究提供很好参考。

张福锁

2020年4月

稻田养鸭是我国传统农业的精华，但由于鸭子践踏禾苗、啄食稻穗、捕食稻田害虫天敌，化肥和农药对鸭子栖息的负面影响以及鸭子规模放养防疫技术不成熟等多方面限制，加之各地重视程度不够而未能广泛普及。稻鸭共作农业生产方法是我国自古代就形成的一种农业生产模式，但因其生产效率低而日渐萎缩。近年来，随着现代生态农业的发展以及人们对化学农药及化肥大量使用造成的环境污染问题、食品安全问题的关注，稻鸭共作日益受到重视，先后在我国的台湾、江苏镇江、浙江绍兴等地区得以恢复性增长并不断扩大推广。

1991年日本借鉴我国稻田养鸭技术首先发展起来稻鸭共作系统，由于具有明显的社会、经济和生态效益，1999年就推广到日本全国，并被日本农林水产省确定为全日本12项受国家资助的环保持续型农业生产技术之一。韩国于1992年开始进行稻鸭共作的试验与推广，并把此项技术生产出的大米认定为无农药大米。越南也于1993年引入稻鸭共作技术，在其北部、中部和南部地区广泛推广应用，取得了明显成效。缅甸、菲律宾、马来西亚等国家以及我国台湾地区也在纷纷推广应用该项技术。近年来，稻鸭共作生态农业在我国迅速发展，稻鸭共作主要是以稻作水田为条件，利用鸭子旺盛的杂食性、活动性和鸭粪还田的方式，发挥中耕除草、控虫防病、培肥土壤等多重效应。

在稻鸭共作的基础上，放养营养含量高、不占用水稻生长空间的红萍，构成生态环保型的稻萍鸭共作体系，形成"稻护鸭、鸭吃萍、萍助稻、鸭粪肥田"的稻田生态食物链，不仅丰富了稻田物种结构，而且通过鸭子的活动、取食和排泄起到分萍、倒萍、提高红萍利用效率等作用，使红萍在稻田系统中的生态优势得到充分体现，这是一项种养结合、降本增效的生态环保型农业技术。稻萍鸭共作体系是一种稻田养鸭，互促共生，生态环保，有机高效的生产模式，是一项集有机稻米生产与水禽共养于一体的生态型农业清洁生产模式。稻萍鸭生态种养技术以生态循环生产为基础，从保护生态环境出发，大量减少化肥、农药的使用，以生产绿色优质大米和无公害肉鸭为最终目的，可促进农业增效、农民增收，实现经济效益、生态效益双赢，具有极高的推广价值。

本书是作者研究团队长期研究的结果及参考有关文献的总结，主要介绍稻萍鸭生态系统的内涵及基本模式；着重阐述了稻萍鸭生态种养的关键技术，包括稻田建设，水稻栽培技术、红萍放养技术及鸭放养技术；对稻萍鸭生态种养技术的经济效益、生态效益及社会效益进行分析，并用实际案例加以说明。本书技术内容具有较强的操作性，是农业技术推广人员、专业户及农民实用的技术指导书。

编　者

2019年6月

目录

序

前言

一、稻萍鸭生态系统·······················1

    （一）稻萍鸭生态系统的内涵 ···········1

    （二）稻萍鸭生态系统的基本模式 ········4

二、稻萍鸭生态种养关键技术············10

    （一）稻田设施建设 ·················11

    （二）水稻栽培技术 ·················13

    （三）红萍放养技术 ·················15

    （四）鸭放养技术 ···················20

三、稻萍鸭生态种养效益分析···········24

    （一）经济效益 ·····················25

    （二）生态效益 ·····················27

    （三）社会效益 ·····················44

    （四）稻萍鸭生态种养案例 ···········48

一、稻萍鸭生态系统

稻萍鸭生态系统是一种立体种养农业结构模式，稻田为鸭子提供生活场所、食物和水；鸭子为水稻除虫、施肥、中耕浑水，刺激水稻生长；红萍具有固氮、富钾功能，稻田养萍可解决水稻70%的氮素、钾素养分需求，且红萍营养成分高，可作为鸭子的好饲料，此外红萍繁殖速度快，可抑制水田杂草生长。鸭子可食杂草，又能将杂草通过浑水沉淀埋入土壤深层使其腐烂，具有良好的除草效果。鸭子采食红萍，排出大量粪便，提高了水田有机质含量，给红萍和水稻生长提供更多有机肥，减少了化肥用量；鸭子吞食水稻害虫，减少了农药的使用，而且增加了土壤的氧气含量，促进了水稻根系的生长。

（一）稻萍鸭生态系统的内涵

1.稻萍鸭生态系统的基本内涵

稻萍鸭生态系统是在水稻田中放养红萍，并以红萍作为鸭的饲料，通过鸭的过腹还田为水稻提供肥料，同时，利用红萍的覆盖及鸭的捕食作用，减少水稻的害虫及杂草，从而减少农药、化肥施用量，达到提高稻谷品质及水稻种植效益的作用。

2.稻萍鸭生态系统

稻萍鸭生态系统是指在稻田中放养红萍，以红萍作为饲料供鸭子取食，充分发挥稻田的时空优势，将不占水稻生长空间、营养丰富的红萍和活动能力强的鸭子引入稻田生态系统（图1）。稻田为红萍、鸭子提供了良好的生长环境；红萍不仅能固氮富钾，而且为鸭子提供足够的饲料，然后以鸭子排泄物的形式为稻田提供有机养分，有效培肥稻田土壤，并在一定程度上满足水稻植株对养分的需求；鸭子在田间活动，不断践踏、取食稻田杂草、昆虫、无效分蘖、稻脚叶以及病原菌核等稻田生物资源，有效控制了稻田病虫草害，并为稻田红萍的分萍、倒萍提供了最佳途径。因

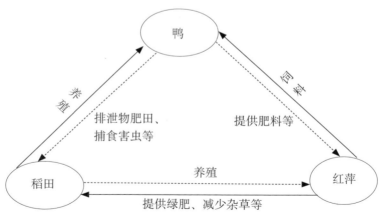

图1　稻萍鸭生态系统示意

此，稻萍鸭生态系统，有利于提高稻田生态系统的生态负载力和物质产出能力，使稻田生态系统向着良性循环的方向发展。

3.稻萍鸭生态系统是一种有机水稻栽培模式

稻萍鸭生态系统是以水田为基础，以种稻为中心，以家鸭野养为特点的自然生态和人为干预相结合的复合生态系统；是将水稻各生育期的特点、水稻病虫害的发生规律和鸭子的生理、生活习性及水中浮游生物的消长规律，有机结合起来的一种种养方式。

在稻萍鸭有机水稻栽培模式中，红萍平生于稻田水面，生长繁殖快，产量高，既为水稻提供充分的肥料，又可作为鸭等动物的青饲料。放养红萍可有效地提高水稻田的生产力，并明显促进稻田生态环境地持续良性循环。

稻萍鸭生态系统有利于鸭子活动觅食，降低水稻栽插密度，可节省用种；鸭在稻间不断采食和踩踏，起中耕、浑水控草作用，能较干净地除去杂草，减少杂草与水稻争肥、争光、争气等；红萍倒萍后腐烂还田可肥土；同时鸭的排泄物能为水稻提供养分，减少施肥；这些都十分有利于强壮水稻根系，促进分蘖，提高成穗率，使籽粒饱满，从而提高产量。

鸭有昼夜活动觅食的习性，又非常喜欢吃昆虫类和水生小动物，能吃掉稻田里的稻飞虱、稻纵卷叶螟等害虫，减少害虫为害，从而减少农药使用，降低生产成本。

稻田为鸭子提供宽广的活动场所，丰富的饵料（红萍、杂草、害虫、微生物等）。这些被人们视为有害的废弃生物资源成为鸭子的好饲料，显著降低了养鸭成本。

稻萍鸭生态系统是在原有的生物链中，人为地加入有害生物的天敌——鸭子，使稻田不需施用或较少施用农药和除草剂，化肥用量也降低，从而减少了环境污染。在这样的稻田中种出的水稻和放养的鸭子品质优、无公害、价值高、销路好，可作为有机绿色食品销售。

（二）稻萍鸭生态系统的基本模式

稻萍鸭体系基本模式较为简单，就是水稻、萍和鸭子的有机整合，充分发挥其体系循环利用的特点，达到提高稻谷品质及水稻种植效益的作用。稻萍鸭生态系统基本模式中各个要素的作用如下：

1.水稻

水稻是我国南方的主要农作物，种植面积甚广，占农业生产的比例很大。单一种稻，加上水资源地不合理利用以及化肥、农药等化学物质地大量使用，导致稻田生态环境恶化、种稻效益低下，严重影响农民的种稻积极性和粮食产量稳定。近年来，人们的种稻观念已经从单纯追求高产转向以生态和安全为前提，生产优质、高产的有机水稻。但是，现有水稻栽培技术中仍缺少切实可行的有机水稻栽培技术，大面积稻田逐步成为生态脆弱区域。使稻田的生态环境得到恢复和持续良性循环，一直是人们追求的目标。中国农民早有稻田养鱼、稻田养鸭、稻田养萍的习惯和经验。但稻田养鱼、养鸭缺乏饲料，稻田养萍没有太高的经济效益，因而均未发展成规模经营，在增加稻田生态效益方面的作用也不显著。福建省农业科学院刘中柱研究员首先把稻田养鱼和稻田养萍两者结合起来发展，形成稻萍鱼这一有机水稻栽培模式，不仅提高了经济效益，而且突显了生态效益，使稻田生产从无机生产向有机生产转变。

2.红萍

红萍是水生蕨类植物，其叶腔内共生着红萍鱼腥藻，能从空气中直接固定氮素，转化为体内的氨基酸与蛋白质，还具有较强地富集水中稀薄钾素的能力。在稻萍鸭有机水稻栽培模式中，红萍平生于稻田水面，生长繁殖快，产量高，既为水稻提供充分的肥料，又可作为鸭等动物的青饲料。红萍可有效提高水稻田的生产力，并明显促进稻田生态环境的持续良性循环。

红萍生长的pH范围较广（pH为3.5～10.0），但以微酸性（pH为4.5～6.5）较为适宜。在稻田土壤中，氮素含量一般不是限制因素，缺钾的土壤亦无大的影响，但缺磷的土壤对红萍生长繁殖不利。水稻插秧前和插秧后一个月内，稻田的光照、温度、湿度均可满足红萍生长，但随着稻株的生长发育，稻行间的光照强度明显降低，湿度增大，这将不利于红萍的生长繁殖。为了使红萍适应不同时期的稻田生态环境，可根据不同红萍品种的特性，做好多品种混养，延长红萍在稻田中的养用时间。在福建等南方早稻插秧前，通常用较抗寒、产量高的细绿萍和多抗性的卡州萍按1：2比例混养。卡州萍系多抗性品种对温度、湿度适应范围较广，不仅抗病虫害，而且较耐阴，适于稻田套养，湿生性很强。在湿润土壤条件下，卡州萍可以扎根生长，多层重叠，其茎尖繁殖能力强。6月以后，可以采用卡州萍与耐热、耐阴的小叶萍混养，以增强红萍越夏能力。多年的推广应用表明，回交萍3号和闽育1号小叶萍光合效率高，生长繁殖快，产量高，抗寒、耐热，在稻田可以周年养用；粗蛋白含量高，适口性很好，是水稻有机栽培模式中鱼、鸭的良好饲料。

　　红萍的不同利用方式对水稻产量和品质性状的表达有着明显不同的影响。就水稻产量性状而言，由于鸭子在稻田的活动对稻株的持续摩擦刺激，以及红萍作为优质的有机物料，增大了鸭子的采食量，相应地鸭子的排泄物也增多，而鸭粪是优质有机肥料，从而为稻田起到培肥、增氧、改土、刺激土壤养分释放等多重功能，有利于稻株的健壮成长，提高成穗率，从而提高水稻产量。研究表明，稻萍鸭模式的有效穗、实粒数、千粒重、实际产量分别比单作稻模式（对照）高出7.77%、8.77%、1.34%和

20.03%。稻萍鸭模式中稻米各项品质性状均优于单作稻模式，对于加工品质的核心——整精米率，稻萍鸭模式比对照处理高出4.02%。垩白是稻米胚乳中淀粉和蛋白质颗粒不充实而留有间隙造成的，稻萍鸭模式的垩白率比对照处理降低了30.24%。对于稻米中的蛋白质含量，稻萍鸭模式比对照高，对于与稻米蒸煮品质密切相关的直链淀粉含量，稻萍鸭模式明显低于其他处理，胶稠度则比对照高出9.73%。上述结果表明，鸭排泄物和红萍等有机肥源对稻田营养的补充，可有效改善稻米品质。

红萍作为饲料的优点为其所含蛋白质是构成禽、鱼体细胞和组织的基本成分。红萍的粗蛋白含量为25%～33%，可补充饲料中的养分不足，以满足动物对营养的需求。作为有价值的饲料，红萍还有以下优点：①适口性好，稻田放养可直接作为鸭饲料；②个体大小适中，不需切碎加工；③生长适宜温度范围宽，适应能力强，繁殖快，产量高。在稻萍鸭有机模式中，鸭可摄食红萍，在不影响水稻产量前提下，增加稻田动物蛋白的产出，从而获得较高的经济效益。红萍作为鸭的饲料被食用，又以动物粪便形式排入水田，为水稻提供新的肥源，使萍体中氮素利用率大大提高。

红萍作为水稻田的被覆作物，截取阳光，占据可利用的空间，从而使稻田杂草受到不同程度的抑制。水稻插秧前放萍，田间杂草可减少90%左右；插秧后放萍，田间杂草可减少80%左右。稻萍鸭有机模式还可利用鸭捕食稻田杂草。红萍的覆盖和鸭的活动抑制稻田杂草滋生，使稻田可以不中耕除草，减少施用或不施用除草剂，进而减少化学物质对水稻田的污染。

一般认为，土壤物理性状的改善与土壤有机质的增加是呈正相关的。红萍在繁殖过程中，经常有残叶老根脱落，2周内落根量可达鲜重的46.1%。萍体腐解后，其有机质逐渐进入土层。红萍的干物质在一年内就有39%转化为土壤有机质。因此，土壤有效能源物质增加，刺激了土壤微生物的活性，促进了土壤有机质的矿化，这就是激发效应。浙江省农业科学院试验表明，水稻田每亩*施1 500千克以上红萍，对土壤生产力的维持或提高将产生有利的影响。在稻萍鸭有机模式中，土壤的水、热、气状况得到改善，红萍残体的腐解及鸭食红萍消化后的排泄物还田，有效地增加了土壤养分含量，进而提高土壤生产力。据沈晓昆等测定，稻鸭共作中鸭的排粪量为每只10千克，而在稻萍鸭模式中，鸭的排粪量为每只30千克。

3.鸭

鸭在稻田的活动与鱼的活动一样，不仅对水稻生长有刺激作用，对红萍生长繁殖也是有利的。水稻中耕可除去红萍的残叶老根，使萍体断离而刺激生长。在稻萍鸭有机模式中，鸭在完成水稻中耕任务的同时，也完成了分萍、刺激红萍生长、繁殖的任务。

---

* 亩为非法定计量单位，15亩=1公顷。

鸭在稻田中游动、觅食、搅土、浑水等系列活动，可增加水中溶解氧和土壤中含氧量，同时搅动耕作层中的氧化亚层和还原亚层，有利于改善土壤通气量，加速有机质的分解和其他潜在养分（尤其是磷）的转化和利用，更好地协调稻田中肥、水、气、热之间的关系，进而提高水田生产力。在热带、亚热带地区养殖红萍的主要问题是虫害严重和缺磷，但借助鸭的捕虫习性、鸭粪的排放以及鸭对土壤的搅动作用可有效解决该问题。

二、稻萍鸭生态种养关键技术

　　红萍养分含量丰富，适应性较强，易于繁殖生长，并可漂浮于水面，作为有机物料放养于稻田，能增加土壤肥力，提高土壤有机质，改善土壤结构和理化性质，达到养地不占地的生产效应。随着无公害生态农业发展和无公害食品市场的迫切需求，把稻鸭共作与传统的稻田养萍相结合，构成稻萍鸭共作体系。通过鸭子、红萍在物种、时空结构的有机嵌合，充分利用稻田水体空间，形成以水稻为中心，家鸭田间网养和水面养萍的多级循环利用生态结构体系，提高了系统的稳定性。在稻萍鸭共作复合生态系统中，红萍经过鸭子的取食和践踏，以鸭子排泄物的形式返回稻田，提高了红萍营养成分的利用效率，使得水稻成熟期土壤养分与移栽前相比，氮、磷、钾养分指标均有不同程度地提高，可有效满足水稻生长后期的营养需求。由于鸭子在田间的活动和对杂草、稻田昆虫和病原菌核的捕食，以及红萍覆盖水面抑制杂草的光合作用，有效抑制病原菌核的萌发，阻隔菌核侵染稻株等，显著减少了稻田杂草、稻飞虱、水稻纹枯病的危害。稻萍鸭生态种养对稻飞虱的显著控制作用，也明显降低了主要由灰飞虱传毒引起的条纹叶枯病的发病程度。此外，稻萍鸭共作将红萍放入稻田后吸附了水体中部分悬浮物质、有机质等，提高了水体透明度，水体化学需氧量明显低于不放萍的稻鸭共作处理。

（一）稻田设施建设

1.稻田基本条件

稻田是稻萍鸭生态种养的基本条件，稻田条件的好坏直接影响到稻萍鸭生态种养的好坏。其基本条件要求如下：

（1）环境条件。选择离村镇较远、环境比较安静、形状比较整齐，排灌自成体系，且不受附近农田用水、施肥、施用农药影响的田块。

（2）水源条件。水稻、红萍、鸭的生长都离不开水，水的物理化学性质又直接影响着稻、萍、鸭的生长和品质，尤其是鸭的多项水田作业更是离不开水，没有水，鸭的役用功能就要大打折扣。因此，用于稻萍鸭生态种养的稻田，要选用靠近水源、水量充足、水质较好、进排水比较方便的田块。水质好的主要标志是，每升水溶氧量在5毫克以上，酸碱度为中性或偏碱性，没有工业污染、生活污染，符合灌溉、养殖用水标准。

（3）土壤条件。一般适合于水稻种植的田块都可用于稻萍鸭生态种养，但以底土为赤黏壤土的更为适宜。这样的土质，保水、保肥的性能强，底土比较肥沃，田埂比较厚实，不渗、不漏，易于进行水肥管理。沙土田、漏水田，不易保水、保肥，一般不适采用。

（4）种植面积。稻萍鸭生态种养的田块面积大小以3～5亩为宜，但并没有严格的要求。为了提高效率，选择20～30亩较好。

2.田间工程

（1）加高加固田埂。稻萍鸭生态种养的田间工程较为简单，工作量较小。为适应稻田灌水、保水和发挥鸭的役用效果，应将田埂适当加高，可在秋季前茬水稻收割后的冬、春季进行，田埂高20～30厘米、宽60～80厘米。

（2）平整田面。平整田面既有利于水稻生长，也有利于鸭子的活动。

（3）建好排灌系统。排灌渠道的建设是稻萍鸭生态种养田间工程建设的重要组成部分。要根据灌排需要做到涵、闸、渠、路等整体规划、综合治理，做到灌得进、排得出，旱涝保收。

（4）搭建简易鸭舍。放入稻田的鸭宜选7～10日龄的，这个时候鸭子还比较小，体重在150克左右，仅身着绒毛，还不可能长时间待在水中。因此，需在稻田边的陆地上为鸭子搭建简易鸭舍，以避风雨、供休息。

鸭舍搭建的主要建筑材料为竹竿（杂木亦可）、石棉瓦。竹竿靠田的一边高，另一边低，竹竿支好后，即可铺上石棉瓦。鸭舍长3～4米、宽0.6～0.8

米，可容100只左右雏鸭栖息。地面铺上干燥的谷壳、碎草，为雏鸭提供舒适的栖息地（图5）。

随着鸭子的长大，特别是鸭的羽毛逐渐长出来以后，鸭就会在田埂上栖息，在简易鸭棚舍的时间也会逐渐减少。

图5 简易鸭棚

（二）水稻栽培技术

1.水稻育秧

（1）育秧方式。移栽稻特别适宜于稻萍鸭生态种养，这是因为移栽稻与鸭比较容易取得两者的协调平衡。目前，移栽稻主要有旱育稀植及水育秧、塑盘秧，这当中以旱育稀植最为适宜。水稻采用旱育稀植具有以下优点：一是旱育秧的秧苗硬挺、老健，栽培后发根快，秧苗不易为鸭损害；二是旱育秧秧龄一般在30天左右，此时秧苗通常可达20～30厘米高，带1～2个分蘖，这样大小的秧苗与7～10日龄放入稻田的小鸭之间较易取得协调平衡；三是旱育秧适于适当稀植，这一点与稻萍鸭生产模式要求稀植的要求相一致。

（2）播种时期。水稻的适宜播种期应当根据水稻的最佳抽穗期来确定。粳稻抽穗结实期的适宜温度为25℃，抽穗结实期日平均温度为21～22℃，昼夜温差10℃以上，籼稻抽穗结实期要求温度比粳稻高2℃。

（3）苗床选择。应选择土壤肥沃、疏松、排水性好、透气，地下水位在5厘米以下，便于管理的弱酸性或中性菜园地、旱地做苗床。

（4）苗床面积。根据秧龄确定苗床与大田的比例。秧龄30天左右，每亩大田需25～40米^{2}苗床。

（5）苗床培肥。干耕、干整、干施肥，全层施肥。每平方米施用碎秸秆2～3千克，家畜粪、土杂肥2～3千克，过磷酸钙0.25千克，床土层厚达20厘米。播种前20天，每平方米秧床再施入尿素30～50克，过磷酸钙150克，氯化钾40克，然后浅耕或秒耙3次以上，使肥料充分拌匀在表土层中。苗床一般宽为1.2～1.4米，长随田块而定。畦沟宽为30～50厘米、深10～30厘米。

（6）播种。选用优质高产、生育期适宜的品种。播前做好晒种、选种工作，浸种催芽至种子露白播种，每平方米苗床播芽谷150克。

（7）播种后秧苗管理。用木板将芽谷轻压入床土中，再均匀覆盖0.5～1厘米厚的盖种土。播种盖土后，应及时在苗床上平铺地膜，膜上再加铺一层薄薄的稻草，播后5～7天齐苗后，要及时揭膜，一般晴天下午揭，阴天上午揭。揭膜后要及时浇一次透水，以防土壤水分不足。秧苗一叶一心期，每平方米均匀喷施15%多效唑可湿性粉剂0.2克，以控高、促蘖。待秧苗长到30天左右时，即可移栽到大田去。

2.水稻栽培

稻萍鸭生产模式水稻栽培与常规水稻栽培无多大差异，但种植密度不同。因为水稻的种植密度除了要考虑水稻高产的需要，还要考虑种植密度要适于鸭子的活动和红萍的生长需要。稻萍鸭生产模式的水稻栽培密度应适当稀于常规种稻的密度，行距可采用24～27厘米，株距则适当扩大到18～21厘米，亩栽1.5万穴，基本苗6万～8万株，这样的株行距配置，不仅有利于水稻的高产，红萍的生长，也有利于鸭在株间穿行，稻萍鸭生产模式效果就可以更好地发挥出来。

（三）红萍放养技术

红萍是一种高固氮的水生蕨类植物，繁殖快，产量高（一般每亩可产鲜萍4 000～5 000千克），营养丰富（干物质含粗蛋白20%～30%），蛋白质含量高，既能作饲料、饵料，又可作有机肥，具有广阔的养殖前景和利用价值。

1.红萍品种选择

适宜稻萍鸭生态种养的红萍品种主要有蕨状满江红、墨西哥满江红、卡州满江红、小叶满江红、闽育1号小叶萍、回交萍3号等品种。

（1）蕨状满江红（图6）。又称细满江红、细绿萍。原野生于美国北部阿拉斯加及南部各州。南美洲的智利、玻利维亚、巴西、欧洲和澳大利亚亦有分布。该种具有耐寒、湿生、快繁、高产、耐盐、不耐热等特性，其个体形态可随萍群密度的由低到高，从平面浮生型向斜立浮生型和直立浮生型演变，三种形态萍体的繁殖速度、抗逆性和结孢率均有差别。三者群体产量均较高，鲜重亩产可达5 000千克以上。

图6　蕨状满江红

（2）墨西哥满江红（图7）。原野生于南美洲北部、北美洲南部（包括墨西哥等地）和中美洲一带。萍体呈分支状平面浮生，绿色并带有红色边缘，较耐热，30℃下仍能生长，但不耐寒，10℃以下即停止生长，5℃即枯死，繁殖率和单位面积产量均较低。

图7　墨西哥满江红

（3）卡州满江红（图8）。原野生于北美洲东部，加勒比海沿岸和西印度群岛。15～25℃为最适生长温度，光照、营养适宜时，萍体宽1.2～1.7厘米，叶色紫绿，萍壮、叶厚、根多，较长时间不分萍，不搅动，可多层叠生；在逆境下，萍体宽0.8～1厘米，叶色红紫至黄紫。该品种较耐热，也耐寒，又较耐阴，抗病虫，可湿养，周年繁殖速度较稳定。

图8 卡州满江红

（4）小叶满江红（图9）。野生于南美西部和北部、北美南部、西印度群岛。植株三角形或多边形，平面浮生或斜立浮生于水面，具芳香味，故又称芳香满江红。生长适宜温度15～25℃，在30～35℃下繁殖也较快，较抗热，但耐寒性较差。

图9 小叶满江红

（5）闽育1号小叶萍（图10）。为有性杂交育种后代，母本为小叶满江红，父本为蕨状满江红，具有耐热、耐阴、耐盐、高产、质优等特点，目前已在生产上广泛应用。

图10　闽育1号小叶萍

（6）回交萍3号（图11）。为有性杂交育种后代，父本为榕萍1号，母本为榕萍1号原母本小叶满江红，通过回交而成，具有很好的耐热、耐阴、耐盐、高产、质优等特点，目前已在生产上广泛应用。

图11　回交萍3号

2.稻田放萍

插秧前10～15天，稻田保持5厘米水层，每亩稻田均匀撒入红萍100～150千克。根据不同品种的特性，可以进行混合养殖，以延长红萍在稻萍田中的养殖时间。如细绿萍、卡州萍、闽育1号小叶萍混养，可在福建等南方地区大部分时间生长。

3.红萍的培养与使用

红萍生长高峰期，捞取过剩红萍进行青贮；当鸭饲料短缺时，将青贮的红萍加入一些精饲料作为饲料投喂。

（四）鸭放养技术

1.设置初放区

鸭子刚放入水稻大田，这时还比较小，需要一个适应过程，不宜让小鸭满田跑。因此应设置初放区，用围网隔开，一个4～5亩的田块，初放区面积以10～20米^{2}为宜，如果太小，鸭活动不开；太大，不便于早期管理。让小鸭先在初放区生活1～2天，这样，小鸭会认识自己的栖息地，在水中游累了，就会回到简易棚中来休息、觅食。1～2天后可打开初放区的围网，让鸭子到整个田中去活动。

2.设置围网

围网是稻萍鸭模式田间生产的重要工程，是防御天敌、保护鸭子、确保稻萍鸭模式生产顺利实施的基本条件。

（1）围网的作用。设置围网是稻萍鸭模式生产田间工程中的重要工作，其作用在于预防天敌对小鸭的危害，固定田间小鸭的数量和活动范围，确保鸭的役用效果。

（2）围网的构造。围网通常由竹木桩和塑料网组成。①竹桩。竹桩的固定比较简单，只需用锤将竹桩打入土中即可。木桩上下各钻一个孔，穿上根短绳，以用于固定围网。②塑料网。塑料网通常用聚乙烯线编织而成，网孔孔径1.5～2厘米为宜，网眼过大，小鸭子常会卡在网上。网的高度为80厘米。在水田内侧设网，网的下端用竹（木）桩固定在田中。

3.鸭子放养

（1）放养时间。在鸭子放入水田之前，水稻育秧和鸭孵化育雏是分别进行的，其开始时间也大致相同。通常，水稻旱育秧的时间在30天左右，鸭的孵化时间为28天；水稻插秧后5～7天，水稻已活棵，可以放入雏鸭（图12）。

（2）放养小鸭的日龄。雏鸭孵化出壳后，经过驯水，7～10日龄即可放入稻田。

（3）鸭的放养密度。适宜的放养密度与鸭的大小、田间饵料多少等有关。一般每亩田放15～18只为宜。

鸭有合群活动的习性。如果鸭群过大、鸭子过多，一则田间饵料不够，二则会对秧苗产生危害（主要是践踏危害）；另一方面，如果鸭群太小，也不易取得满意的效果。一般情况下，一群鸭以80～100只，活动面积为4～5亩为宜；技术掌握熟练后，一群鸭可以有200只，活动面积8～10亩。

图12　小鸭放养

（4）鸭放养技术。放鸭入稻田，应先将苗鸭投放于简易棚内的陆地上，地上铺好干稻草或稻壳，一边铺上一块拆开的编织袋，其上放入小鸭饲料。

在整块大田设置初放区很有必要，在刚把鸭放入稻田的时候，先让鸭在初放区活动1～2天，以方便管理。万一遇到恶劣天气，就很容易将小鸭从初放区赶上岸，赶至简易鸭舍。初放区大小可按每亩4～5米^{2}设置，1～2天后待鸭习惯了简易鸭舍，即可从初放区放入大田，初放区的围栏不要拆除，以便回收鸭子时使用。鸭放入稻田后要适量饲喂，切不可过量。雏鸭刚开始以人工饲喂为主，放入稻田后即应逐步减少人工喂养次数，使鸭适应自己觅食。若鸭在田间采食不足，则可适当补饲，有助于保持鸭充足的体力去胜任各项田间作业任务。

（5）鸭收回时间。水稻出穗后，鸭会啄食稻穗，所以要及时将鸭从稻田中收回。从鸭子放入稻田到收获，这段时间一般有60～70天。水稻则继续灌浆成熟，直到收割。

三、稻萍鸭生态种养效益分析

在稻萍鸭共作复合生态系统中，红萍拥有较强的生长繁殖能力，3～5天即可翻一番，但随着外界温度的升高和水稻的旺盛生长对其产生的遮光效应，以及红萍本身的生物学特性，使其在放入稻田40天左右时达到高峰，随后逐渐倒萍。在稻田优越的生长环境中，随着鸭子的生长，对萍的采食量也不断增加。鸭子在稻田的取食、践踏等活动，一方面加速了绿萍的倒萍速度，另一方面致使萍体破碎，促其营养释放，提高了土壤肥力，改善了土壤结构。此外，稻萍鸭共作复合生态系统有效控制了稻田病虫草害的发生，以及红萍经过鸭的食用以排泄物还田的行为，减少了农药和化肥的投入，有效促进了水稻产量性状的表达和品质的改善，提高了水稻分蘖成穗率和水稻产量。此外，虽然稻萍鸭共作处理增加了鸭苗和围网等设施投入，但其生产的安全、优质大米和鸭肉，颇受消费者的青睐，市场价格较高，从而提高了经济效益。

稻萍鸭共作生态系统巧妙地利用稻田的生态位，通过加入红萍生产环和鸭子消费环，形成农牧结合的可持续农业系统，将绿色植物生产者和动物消费者之间的能量代谢和物质循环过程有机联系在一起，使食物链中各种生物更充分、多层次地利用稻田资源，使原来不能利用的产品得到再转化，如稻田杂草、稻飞虱等通过鸭子转化为粪肥，从而截留由于其为无效产品而随稻田水分灌排、拔除杂草而带走的能量，增加系统的生物量，也可抑制稻田有害生物的发生，减少化学物质的使用，提高大米和鸭肉的安全性。

（一）经济效益

1.稻萍、稻鸭、稻萍鸭共作经济效益比较

从经济效益上看，稻鸭、稻萍鸭共作存在密切的食物链关系，萍、害虫为鸭子提供食料，增强鸭子的田间活动能力，减轻病虫草害，提高土壤肥力，增加水稻产量，同时可减少农药、化肥的用量，节本省工。

研究表明，杂交籼稻试验组，稻萍、稻鸭、稻萍鸭共作三种处理的产量较接近，都明显高于单作水稻处理（对照），平均增产19.4%。分析增产原因，除处理区土壤肥力存在差异外，主要差别在于有效穗数和每穗粒数指标。粳稻试验组（表1），田块地力均匀，稻萍、稻鸭、稻萍鸭共作处理分别比对照处理增产7.9%、3.54%、8.8%；稻萍鸭共作比稻鸭共作增产5.09%，增产原因同样以增穗为主，可见稻萍鸭共作能促进水稻分蘖，提高水稻成穗率和产量。

表1　稻萍、稻鸭、稻萍鸭共作经济效益比较（粳稻试验组）

稻田种养体系	稻萍共作	稻鸭共作	稻萍鸭共作
比常规稻栽培增产	7.9%	3.54%	8.8%

2.稻萍鸭共作经济效益

红萍具有固氮功能，既是土壤的肥料，又是肉鸭的饲料；肉鸭能除草、食虫、中耕浑水、施肥、刺激水稻生长；稻田为肉鸭提供生活场所。稻萍鸭共作水稻单位面积产量得以提高，水稻和肉鸭的品质得以提升。

稻萍鸭立体种养农业模式，以投放扬州太鸭每15亩465只为例（表2），可收成鸭378只，成鸭率81.3%，每只成鸭平均售价31.80元，每只成鸭成本19.80元，每15亩成鸭产值为12 020.4元，纯效益为2 813.4元，稻米出糙率65.4%，按有机稻米售价16元/千克计，每公顷稻米产值为53 601.84元，减去稻作成本4 269元，稻米折算纯效益为49 332.84元。实施稻萍鸭立体种养农业模式最终每亩实现经济纯效益3 476.42元，是常规栽培稻的5～6倍。

表2　稻萍鸭共作经济效益（以扬州太鸭为例）

项　目	鸭产值	鸭成本	有机米产值	稻作成本	每亩纯收入
价值（元/公顷）	12 020.4	9 207	53 601.84	4 269	3 476.42

稻田饲养鸭后，其水稻产量和品质都发生了变化。水稻穗长、有效穗数、总粒数、实粒数等产量构

成因素发生变化，并提高了光合作用效率、水稻根系活力等，进而提高了水稻产量。研究表明，稻田养鸭后，水稻群体基部透光率、绿叶面积、叶片叶绿素含量和根系活力比对照组分别高41.5%、17.8%、24.0%和15.7%，水稻增产4.9%；稻田养鸭比常规农药区和对照区分别增产6.3%和17.2%；稻萍鸭立体种养农业模式水稻理论产量和实际产量可分别提高12.5%和13.0%。研究表明，稻田养鸭能促进水稻对氮元素的吸收，总氮含量的实测值比对照组高24.4%，并与土壤脲酶、脱氢酶和蛋白酶的含量呈负相关。另据测定，稻萍鸭立体种养稻米加工的出糙率、精米率、整精米率比单作稻处理分别提高2.7%、1.5%和2.7%，蛋白质含量、胶稠度、氨基酸总量和必需氨基酸总量分别提高12.4%、11.5%、1.6%和1.0%，直链淀粉含量、碱消值、垩白率和铬含量分别降低6.6%、7.0%、7.6%和18.8%。可见，稻田养鸭不仅可提高水稻产量，同时还能改善水稻的品质。因此，稻田饲养鸭可以作为生产无公害稻米或有机稻米的重要措施之一。

（二）生态效益

从生态的角度看，稻萍鸭生态种养充分利用水稻、鸭子、萍之间的共生关系，以水为纽带，将种植业与养殖业充分结合在一起，形成现代化立体农业模式，为无公害稻米、有机稻米生产提供新的途径和技术保证。

稻田投放鸭子与红萍形成动植物的共生环境，有效利用了鸭子的生活习性及其活动特点。杂食性较强的鸭子可有效吃食稻田中的杂草和害虫。鸭子产生的排泄物及红萍的还田、红萍的固氮等作用又可为水稻的正常生长提供肥力。鸭子活动产生的浑水效果还可刺激水稻的分蘖发生，增强水稻的抗逆性。稻萍鸭生态系统主要的特点有三点。一是抑制稻田杂草的发生和危害，控制效果达95%以上。二是压低害虫基数，减轻害虫危害程度。鸭子极善捕捉飞行能力低的飞虱、叶蝉等害虫，其觅食高峰在傍晚和黎明，与昆虫的活动高峰相吻合，鸭子离田前，稻田虫量密度均在防治指标之下。近年来，3代稻纵卷叶螟、褐飞虱等暴发危害，稻萍鸭共作稻田百穴虫量仅为常规栽培稻田的20%～30%，白叶率比常规栽培稻低25个百分点以上。三是水稻病害，尤其是水稻纹枯病得到有效控制，这与稻萍鸭共作田间株行距较大，田间通风透光条件好有关。

稻萍共作只能抑制稻田杂草的发生，红萍可为鸭子提供食物来源，以此补充食料。稻萍鸭共作系统，能有效控制稻田杂草的发生和稻飞虱的危害（放鸭30天后），抑制稻纵卷叶螟、三化螟和纹枯病的发生。

对稻萍鸭共作生态系统生物间互作影响的研究结果表明，在自然条件下，稻萍共作处理能够有效减少稻田草害的发生，稻鸭、稻萍鸭共作处理模式对褐飞虱及田间杂草的防治效果均在90%以上；且稻萍鸭共作模式的增产作用明显，杂交籼稻增产近

20%，粳稻增产也达8.8%，并可生产无公害稻米和有机稻米。

稻萍鸭共作对土壤养分的影响，据报道，稻萍鸭模式由于鸭子取食红萍，能较好地吸收利用红萍的营养成分，再以排泄物的形式回归稻田，以及萍体的不断腐烂分解增加了稻田土壤养分含量，使得稻萍鸭模式土壤中的有机质、速效氮、有效磷和速效钾含量与单种水稻相比分别提高7.95%、7.05%、6.47%和4.46%。土壤养分可持续性指数可以用来表征土壤肥力的高低，在单种水稻、稻萍体系、稻鸭体系和稻萍鸭体系处理中，土壤养分可持续性指数以稻萍鸭体系最高，说明红萍经过鸭子的过腹还田作用对稻田土壤产生显著培肥效应。具体表现在以下几个方面：

1.明显增加土壤养分、改善土壤结构

红萍是水生蕨类植物，其叶腔内共生着红萍鱼腥藻，能从空气中直接固定氮素，转化为体内氨基酸与蛋白质。红萍富含肥料成分，其干体含氮2.5% ~ 4.5%，含磷0.4% ~ 1.0%，含钾2.0% ~ 3.5%，以及多种微量元素。红萍供氮试验表明，红萍压施入土后7 ~ 42天，其矿化量占总量的1/2，第15 ~ 21天为矿化高峰期，水稻正常生长所需的70%左右的氮素可由红萍提供，每公顷施150千克红萍作基肥的水稻田产量在5 250 ~ 7 500千克（与土壤肥力有关），相当于每公顷施150千克纯氮肥的水稻产量。红萍具有较强地从灌溉水和雨水中富集微量钾素的能力，试验表明，红萍吸收钾的高峰在0.85毫克/升，而水稻在8毫克/升，灌溉水和雨水中钾的含量为1～4.5毫克/升。说明红萍可富集吸收水稻无法利用的低浓度钾，从而萍体含钾量达2.0%～3.5%。水稻正常生长所需的钾素70%左右可由施压入土的红萍来提供。根据田间肥效试验，施红萍与施等量化肥（氮、磷、钾肥）处理间的水稻产量相当，统计学上无显著差异；施红萍与只施氮磷肥、不施钾肥的处理相比，水稻平均增产23.7%，与不施肥的对照处理相比，水稻平均增产53.1%，统计学分析，差异均为极显著。这说明以红萍作为水稻钾源，其肥效相当于等量钾素化肥。

通过饲养的鸭在稻田里摄食以及排泄粪便（如鸭每只每天平均排泄量约为0.12千克），向稻田生态系统排放一定数量的氮、磷、钾，在一定程度上起到中耕和不间断施肥的效果。这就为细菌、放线菌和霉菌等异养微生物的生长发育提供了能源，提高了土壤有机质和全氮含量，同时，土壤容重、小于0.001毫米微团含量和土壤分散系数降低，大于0.25毫米团聚体含量和土壤结构系数上升。饲养鸭对土壤酶活性、有机碳含量和呼吸作用也产生影响。研究表明，饲养麻鸭后，稻田土壤脲酶活性可提高13%、土壤脱氢酶活性可提高17%以及土壤蛋白酶活性可提高14%。

长江流域的双季稻产区中，中低产田约占总数的2/3，中低产田的增产潜力较大。目前，普遍认为采用秸秆还田、猪粪下田或种植冬季绿肥等措施，能有效地提高土壤肥力。以鸭为例，每只每天排泄0.12千克，以放养时间为50天计算，共排泄6.0千克鸭粪，其中包含0.3千克氮，0.4千克有机碳和其他养分。因此，稻田饲养动物可使中低产的双季稻田在确保粮食产量的同时，增加其土壤肥力。

甄若宏等（2006）研究表明（表3），在稻萍鸭生态系统中，由于鸭子取食红萍，能较好地吸收利用红萍的营养成分，再以排泄物的形式回归稻田，以及萍体的不断腐烂分解增加了稻田土壤养分含量，使得稻萍鸭生态系统中土壤有机质、速效氮、有效磷和速效钾含量与常规水稻栽培相比分别提高7.95%、7.05%、6.47%和4.46%，红萍经过鸭子的过腹还田作用对稻田土壤产生显著培肥效应。红萍养分含量丰富，适应性较强，易于繁殖生长，并可漂浮于水面，作为有机物料放养于稻田，能增加土壤有机质含量，改善土壤结构和理化性质，达到养地不占地的生产效应。

表3　稻萍鸭生态系统对土壤养分的影响（2006，甄若宏等）

项　目	土壤有机质	速效氮	有效磷	速效钾
比常规稻栽培增加	7.95%	7.05%	6.47%	4.46%

2.稻萍鸭生态种养对水环境的影响

在稻萍鸭生态种养系统中，鸭在系统中自身活动和新陈代谢产生的分泌物和排泄物对生态系统产生扰动，特别是对土壤和水体的扰动最为明显（表4）。稻田中鸭的自身活动，使土壤温度降低了

0.05～0.8℃，土壤氧化还原电位提高约24%。研究表明，稻萍鸭生态模式的稻田水体溶解氧含量比单一种植水稻增加54.0%。溶氧量的增加改善了土壤通气状况，有利于水稻根系生长发育。鸭的自身活动及其新陈代谢增加了土壤微生物总量，其中，增加的细菌数量最多、放线菌次之、真菌最少；同时细菌与真菌比值升高，土壤产甲烷的菌种群数量减少，硝化细菌数量增加，反硝化细菌数量受到抑制，进而提高了土壤微生物群落的碳源利用能力和整体代谢活性，增加了稻田土壤微生物群落功能的多样性。

表4　稻萍鸭生态种养对水环境的影响

项　目	土壤温度	土壤氧化还原电位	水体溶解氧含量
比常规稻栽培	降低0.05～0.8℃	提高约24%	增加54.0%

　　稻田生态种养系统引入鸭等动物，通过动物的活动达到消除杂草、减少病虫害的目的，可部分或全部取代现代水稻生产系统中农药和除草剂的作用，减少稻田生态系统所受的人为干预，形成饲养动物与目标产物互利共生的格局。饲养动物的引入，不但减轻化肥农药带来的环境污染，也提高了稻米品质，实现水稻生产绿色、无公害。

　　据报道，稻田水体的总氮、总钾含量均以稻萍鸭体系处理最高，这主要是由于鸭子在稻田的活动促进了稻田土壤养分的释放；且通过鸭子对绿萍的践踏、咀嚼及对萍体的破碎，增大了红萍营养成分的排放率；另外红萍被鸭子取食后，一部分养分被鸭子吸收，剩余养分则随鸭粪排出，释放到稻田水体中，从而提高了稻田水体养分含量。化学需氧量与稻田水体悬浮物含量呈正相关，稻萍鸭体系的稻田水体化学需氧量比稻鸭体系处理低8.70%，这是由于红萍放入稻田后吸附了水体中部分有机物、腐殖质等，从而对稻田水体起到了净化作用，使水体透明度显著提高，化学需氧量降低。鸭子在田间的不间断活动起到搅拌水体的作用，也显著增加了水体溶解氧含量，使稻鸭体系处理的溶解氧含量比单种水稻高21.15%。而稻萍鸭体系由于红萍覆盖水面，阳光不能直接照射水体，同时由于红萍的生长繁殖也耗氧，水体中溶解氧含量比稻鸭体系低6.35%，但显著高于稻萍体系处理和单种水稻处理。从水体氧化还原电位来看，以稻萍鸭体系处理最高，其次为稻鸭体系处理，单种水稻最低。说明稻萍鸭体系处理由于有鸭子活动，可以起到增氧作用，以及红萍吸附了水体部分悬浮物质，从而减少了水体中还原物质分解所需氧量，使氧化还原电位明显升高，有利于植株对稻田养分的吸收利用。

3.减少病虫害

研究表明，南方稻田水体中有水生植物36种，藻类7门67属，底栖动物21种，浮游动物77种，杂草种类约有200余种，其中危害严重的有20余种。稻田中普遍存在且危害严重的害虫有二化螟、褐飞虱、白背飞虱、黑尾叶蝉和稻纵卷叶螟，病害有纹枯病、稻瘟病、恶苗病和稻曲病。饲养鸭子后，稻田可以产生以下生态效应：田间杂草密度降低50.0%～98.0%，杂草的物种丰富度和香农多样性指数分别下降34.0%～86.0%和0～71.0%；绿藻、硅藻和原生动物的优势种群增长受到抑制，优势度下降，而裸藻和枝角类的优势度显著增加；饲养鸭子同时影响稻田原生动物、水生动物、环节动物和节肢动物的多样性指数；饲养鸭子能保护稻田里的圆蛛类、狼蛛类和跳蛛类等有益昆虫，使种群数量提高约60%；稻飞虱、二化螟、叶蝉和纹枯病的发病率分别下降7.0%～89.0%、12.0%、73.0%～82.0%和40.0%～86.0%。因此，稻田饲养鸭子后，并没有彻底消灭某一个物种，而是降低了优势物种的密度和数量，均衡各物种的密度和数量，最终实现人与自然和谐共生。

（1）有效抑制稻飞虱等虫害的发生。研究表明（表5），在鸭子入田15天和45天时分别对各处理稻田病虫发生动态进行调查，稻萍体系、稻鸭体系和稻萍鸭体系处理对稻飞虱均有明显的控制作用，而且共作时间越长，效果越显著。在放鸭45天时，稻萍体系、稻鸭体系和稻萍鸭体系处理对稻飞虱的防效分别达到38.10%、82.79%和83.41%，稻萍鸭体系处理防效最高。这主要是由于鸭子对稻飞虱的捕食能有效减少虫量，鸭子和红萍的控草作用能减少稻飞虱寄生，以及稻萍鸭共作丰富了稻田物种结构，有利于天敌的繁衍，从而增强了稻萍鸭共作体系的控虫效果。

放鸭后30天，不同水稻品种，稻鸭、稻萍鸭共作处理模式对稻飞虱（前期主要是白背飞虱）有控制效果（70%左右），稻萍共作处理对白背飞虱只有很小的抑制作用。随着鸭龄的增大，鸭子对稻飞虱的捕食能力也随之增强，基本能控制褐飞虱种群的增长，稻鸭、稻萍鸭共作控虫效果达80%～94%，其虫口密度均在防治指标以下。从稻飞虱发生总量来看，粳稻处理模式中稻萍、稻鸭和稻萍鸭（以7次调查总和计）稻飞虱数量分别比对照处理减少32.88%、67.85%、71.33%，杂交籼稻处理模式变化幅度与之相近，不同水稻品种的稻鸭和稻萍鸭共作（放鸭30天后）对稻飞虱具有较好的控制效果。

甄若宏等（2006）研究表明，放鸭45天，稻萍鸭生态系统对稻飞虱的防效达83.41%，这主要是由于鸭子对稻飞虱的捕食能有效减少害虫数量，鸭子和绿萍的控草作用能减少稻飞虱的寄生，以及稻萍鸭共作丰富了稻田物种结构，有利于天敌的繁衍，从而增强了稻萍鸭共作系统的控虫效果。束兆林等（2004）研究表明，不同水稻品种稻鸭和稻萍鸭生态系统对稻飞虱具有较好的控制效果。放鸭后30天，不同水稻品种，稻鸭、稻萍鸭处理模式对稻飞虱（前期主要是白背飞虱）有控制效果（70%左右）。随着鸭龄的增大，鸭子对稻飞虱的捕食能力也随之增强，基本能控制褐飞虱种群的增长，稻鸭、稻萍鸭生态系统控虫效果在80%～94%，其虫口密度均在防治指标以下。

（2）有效控制水稻纹枯病等病害的发生。与单种水稻一样，随着水稻的生长发育，稻萍鸭体系、稻鸭体系和稻萍体系处理纹枯病的病穴率呈上升趋势，但增幅由大到小依次为单种水稻、稻萍体系、稻鸭体系、稻萍鸭体系，说明稻萍鸭体系、稻鸭体系和稻萍体系处理虽然不能有效控制纹枯病的发生，但能减轻其发病程度，其中稻萍鸭体系处理发病率最低，这主要是由于绿萍覆盖水面和鸭子活动引起的浑水作用抑制了菌核的萌发，降低了纹枯病菌核接触稻株的几率，以及鸭子食掉部分菌核、病老枯叶和无效分蘖等田间非稻生物资源，提高了稻株间的通风透光性能，提高了植株的抗病性。条纹叶枯病是由灰飞虱传播的病毒病害，不同时期、不同数量的灰飞虱都会影响条纹叶枯病的发病程度，放鸭15天时主要由一代灰飞虱成虫危害造成的假枯心达到发病高峰，放鸭45天时主要由二代灰飞虱若虫危害造成的黄化枯死发病达到高峰。稻萍体系、稻鸭体系和稻萍鸭体系处理对条纹叶枯病有明显的控制效果（表5），在第二高峰时对条纹叶枯病的防效分别达到14.24%、70.14%和72.57%，以稻萍鸭体系处理的防效最高，说明鸭子在明显控制灰飞虱发生危害的同时也显著抑制条纹叶枯病的发病率。

表5　稻萍鸭生态种养对病虫害的影响

项　目	稻飞虱	水稻纹枯病	水稻三化螟	稻纵卷叶螟
比常规稻栽培	减少71.33%	减少72.57%	降低37.5%~67.5%	危害减轻

水稻条纹叶枯病是由带毒灰飞虱传播的病毒病害，因此，控制灰飞虱对预防条纹叶枯病的发生显得尤为重要，通过鸭子在稻田昼夜活动的稻萍鸭共作生态农业模式对控制灰飞虱数量、防治条纹叶枯病发生率有明显的生态效应。束兆林（2004）等研究表明，稻鸭、稻萍鸭处理模式能减轻纹枯病的危害。放鸭后20天，不同水稻品种，稻鸭、稻萍鸭处理模式，因栽插株行距大，对水稻纹枯病的水平发展有明显的抑制作用，其抑制作用可达86%。童泽霞、刘小燕等认为稻鸭共作系统可基本控制纹枯病的危害，防治效果优于常规稻作。

田间调查结果表明，放鸭后20天，不同水稻品种，稻萍鸭处理模式，因栽插株行距大，对水稻纹枯病的水平发展有明显的抑制作用，其抑制作用达39%～86%。随着水稻的生长，田间的郁蔽度增加，若水稻不搁田，造成稻田透性差，易导致水稻纹枯病的发展，放鸭后30～40天各处理对纹枯病的抑制作用明显减小。水稻生长后期，对水稻纹枯病的抑制效果又增强，其原因可能与鸭子的活动有关。稻萍鸭共作模式对水稻纹枯病有一定的抑制作用，但不能完全控制其发展。

（3）有效降低水稻三化螟的危害。试验结果表明（表5），不同水稻品种（粳稻、籼稻）不同处理模式第三代三化螟白穗率比常规稻栽培降低37.5%～67.5%。因为鸭子虽然对飞行昆虫有一定的捕食能力，但三化螟成虫的活动场所不利于鸭子捕食，鸭子只能捕食部分成虫，仅能减轻三化螟对白穗的危害，但不能杜绝。

（4）减轻稻纵卷叶螟对水稻的危害。田间调查结果表明（表5），不同水稻品种的稻萍、稻鸭、稻萍鸭共作处理模式能减轻稻纵卷叶螟的危害，但不能有效控制稻纵卷叶螟的危害。

4.对稻田土壤的微生物数量、物种丰富度和均匀度的影响

研究表明，稻田养鸭（麻鸭）31天后，土壤中的细菌、放线菌、真菌数量分别比单作稻处理（对照）高13.76%、86.76%和62.29%，而土壤微生物群落代谢功能多样性指数和均匀度指数采用BiologGN测试盘测试分别比对照组高2.22%、0.41%，采用GP测试盘测试分别比对照组高1.09%、1.15%；稻田养鸭的土壤微生物氮元素含量比对照组提高8%。种养结合是家庭农场必需的技术手段，大到农场尺度的种养链，小到田间尺度的立体种养。多年的生态种养实践结果显示，稻田饲养动物一般以15～150亩为一个饲养单元为宜，但具体还要视饲养动物而定。经过研究发现，养殖规模上，鸭的饲养密度一般为15～20只/亩。饲养过程中，尽量利用昆虫等天然饵料以及物种间的食物链关系，促进饲养动物生长发育。另外，为了进一步提高经济效益，应拓展饲养动物的品种。

5.显著降低稻田杂草密度、物种多样性

实践表明，稻田单子叶杂草、双子叶杂草生长密

度由大到小顺序为单种水稻、稻萍体系、稻鸭体系、稻萍鸭体系，说明鸭子对杂草的取食和鸭子活动引起的浑水作用以及红萍覆盖水面对杂草光合作用的抑制显著减少了杂草危害的发生，使得稻萍鸭体系处理的除草效果最显著，控效达98.94%，比稻鸭体系和稻萍体系处理的控草效果分别高2.85个和36.32个百分点。香农指数表征稻田杂草群落多样性，各处理杂草的香农指数大小依次为单种水稻、稻萍体系、稻鸭体系、稻萍鸭体系，说明红萍和鸭子对杂草的控制作用明显减少了稻田中发生危害的杂草种类，显著降低了稻田杂草群落多样性；均匀度指数可反映杂草在稻田的分布情况，数值越高表明稻田杂草在田间的分布越均匀，稻萍鸭体系处理的均匀度指数显著高于单种水稻和稻萍体系处理，说明鸭子和红萍的双重控草作用，减少了稻田优势杂草的发生，使稻田残存杂草为数甚少。

（1）对杂草的控制效果。在稻萍鸭与稻鸭生态系统中，鸭子取食嫩芽是控制杂草的主要途径，因此稻萍鸭共作与稻鸭共作生态系统的除草效果基本相同。甄若宏等（2006）研究表明（表6），稻萍鸭生态系统的除草效果显著，可减少98.94%的杂草，比稻鸭共作系统的控草效果提高2.85%。甄若宏等（2007）研究表明，稻鸭共作对阔叶杂草的控制效果达97.1%，对单子叶杂草的控制效果为96.6%，对双子叶杂草的控制效果为93.1%。

（2）对稻田杂草密度的影响。魏守辉等（2006）

研究表明（表6），在稻田连续4年进行稻鸭共作，田间杂草密度随着共作时间的增加而逐渐降低，杂草的发生基数从2000年的169.0株/米^{2}降低到2003年的17.7株/米^2，降低幅度将近90%，年均递减50%以上；在稻鸭共作区，杂草的发生得到了有效控制，2001年以后田间只有少许萤蔺和夹稞稗发生，密度每平方米不足1株；从田间杂草数量的实际变化情况来看，稻鸭共作区杂草密度年均降低84.04%，4年降低杂草密度达99.82%。

（3）对稻田杂草物种多样性的影响。魏守辉等（2006）研究表明（表6），稻鸭共作生态系统，田间杂草群落的物种丰富度逐年降低，2002年后发生危害的杂草种类只有1～2种，与2000年相比已达到显著水平；长期稻鸭共作会在一定程度上限制某些杂草的危害，从而降低田间杂草的发生种类，使杂草群落的物种多样性降低。

表6　稻萍鸭生态种养对杂草的影响

项目	杂草控制	杂草密度	杂草物种多样性
效果	可减少98.94%	降低99.82%	显著降低

6.明显刺激水稻生长

沈晓昆（2002）研究表明，在稻萍鸭体系中水稻表现为株高变矮，分蘖数显著增加，茎秆变粗，水稻地上部干物质质量增加。云南农业大学研究表明，稻萍鸭体系中成熟期水稻叶面积指数、相对生长率、净同化率、作物生长率等作物生长分析指标均高于常规稻栽培，产量增加26%左右。

7.稻萍鸭生态系统的物能特征

对稻萍鸭共作生态系统物能特征的分析结果表明，通过在稻田生态位添加鸭子和红萍，使原来的稻田食物链结构趋向复杂化，增加了稻田生态系统的稳定性。单作稻、稻鸭、稻萍鸭不同处理中，稻萍鸭共作生态系统光能利用率最高，比稻鸭共作生态系统和单作稻系统分别提高18.52%和23.08%，能流循环指数（指有机能投入占总投入能量的比例）为0.096，显著高于稻鸭共作系统和单作稻系统。此外，稻萍鸭共作生态系统氮、磷、钾各养分循环通量也表现为最高，显示稻萍鸭共作生态系统农田养分循环强度较高，对施肥的依赖程度较低，对环境压力小。

8.稻萍鸭共作系统的生态结构及生态效应

按照经典的食物链理论，食物链越复杂，系统就越稳定。常规稻作生产中大量的非稻生物资源（杂草、浮游生物及其他水生生物等）随稻田的化控、排灌和部分昆虫的羽化而流失，直接或间接造成了稻田生态系统养分和能量的损失。鸭子和红萍在稻田生态位的增加，使稻田系统生物种群的组成结构和相互关系发生了变化，使稻田食物链复杂化。在常规稻作中与水稻争夺资源的杂草、浮游生物、水生昆虫等资源在稻萍鸭共作生态系统中被鸭子所截获，转化为鸭子的能量，从而有效地减少了稻田生物因子和非生物因子的能量损失。另外，鸭子的排泄物是优质的有机肥料，含有丰富的氮、磷、钾等养分，可一定程度上满足水稻生长期间对养分的需求。红萍不仅能固氮富钾，而且为鸭子提供足够的饲料，再通过过腹还田方式为稻田提供有机养分，提高红萍营养成分的利用效率。因此，稻萍鸭共作生态系统通过鸭子、红萍在稻田食物链物种、时空结构上的有机嵌合，形成了多级循环利用的稻田复合食物链结构，提高了系统的物质利用率和能量转化效率，增加了系统的稳定性，增强了系统的生态负载力和物质产出能力，实现了稻田系统结构与功能的高效协调。

9.稻萍鸭共作系统的能量转化效益

稻萍鸭共作生态系统和常规稻作系统能量流动，物质与能量的投入产出结构反映了系统物能转化的效率。稻萍鸭生态系统中，红萍产生的能量除提供给水稻生产外，有相当一部分供给鸭子生产，但红萍本身不输出系统。水稻通过产生稻谷、稻秸等形式产生能量，进入市场产出能值。鸭子在稻田中活动，利用红萍、稻田杂草、水稻老黄叶、田间病原菌、害虫产生能量，再以排泄物的方式向稻田输入能量。稻萍鸭系统除需要输入自然辅助能外，还需要投入机械、电力、化肥、种（苗）、饲料及人工等，产出的物质主要有鸭和稻谷等农产品和秸秆物质。

系统能量分析结果表明，稻萍鸭体系、稻鸭体系、单种水稻处理的直接生理能占人工辅助能的比例分别为34.39%、30.83%和32.34%，其中有机能占人工辅助能输入的百分比分别为9.6%、2.8%和0.7%，稻萍鸭体系处理的有机能所占比例最高，即能流循环指数最高，其次为稻鸭体系处理，单种水稻最低。能流循环指数反映了稻田生态系统内部各部分协调情况和能量利用情况，是反映系统的稳定性、自我维持能力和持续发展的一个重要指标。试验结果表明，单种水稻处理化石能的投入较高，在生产过程中主要依靠农药、化肥的投入来维持水稻的平衡发展，能流循环指数较低，不重视有机能源投入，显示常规稻作系统能量的投入结构不合理。光能利用率是系统中作物对太阳有效辐射利用程度的量度，从结果可知，以稻萍鸭体系处理的光能利用率最高，常规稻作较低，但与稻鸭体系处理比较未达极显著差异。总之，通过稻鸭共作与稻田养萍的有机结合，能够显著提高稻田光能利用效率。能量转化效率是指总产出能与总投入能量的比值，它能够清楚地反映系统投能效益和系统投能结构的合理程度。作物产量能反映作物的能量产出，从结果看，各系统总产出能以稻萍鸭共作系统最高。红萍的投入带给系统较高能量，所以光能利用率以稻萍鸭体系处理最高；而由于各系统投入的人工等不同，红萍生长繁殖管理需要人工调节控制，需要较高能量投入，产投比相对较低，因此人工辅助能各能值指标以稻鸭共作系统最高。

稻萍鸭体系处理的水稻产量较稻鸭体系和单种水

稻处理要高。从氮、磷、钾三种养分通量比较看，钾最高，氮次之，磷最低，这主要是由系统中红萍的输入和鸭子的输出，以及初级产品物质输出之间的差异所致。总之，稻萍鸭体系处理各养分的循环通量较高，表明农田养分循环强度较高对施肥的依赖程度越低，进一步证实该系统具有多功能、高效益、低能耗、高能量转化率、高养分利用率等特点，产生了较好的生态、经济和社会效益，符合现代农业的可持续发展要求。

（三）社会效益

农业生态系统是以农作物为核心，人为地对自然生态系统进行改造而建立起来的新的生态系统。人类为了收获更大的经济效益，通常大面积种植单一品种的作物，人为排除其他植物种类的竞争，以提高作物的产量，结果导致系统中群落结构过于简单，群落的物种数和个体数（包括许多害虫、病菌的天敌）都比自然生态系统少，生物多样性较低。近50年来，农业生态系统生物多样性越来越低，管理措施越来越密集，如大量施用农药、化肥等。由于人类对稻田生态系统的影响巨大，如何维持稻田生态系统的稳定性与平衡性，保持稻田生态系统生产力的可持续增长已成为重要问题。提高生物多样性和减少人为干扰可能成为解决困境的关键之一。稻萍鸭种养技术及其衍生的稻田生态种养技术的推广与应用，很好地解释了这个原理。进一步发展和推广稻萍鸭生态系统，能显著提高农民经济收入，增加农民就业机会，具有显著的社会效益。

稻萍鸭共作复合生态模式采用稻鸭共作与稻田养萍的农牧结合方式，是一种生态农业工程模式，具有良好的系统内部物质循环使用和能值反馈的特性，而系统内部的能值反馈有利于提高整个系统的能值效益。此外，稻萍鸭共作系统由于加入了红萍生产环和鸭子消费环，增强了系统的内部循环和能值反馈特性，提高了系统的综合效益和可持续性。由于红萍和鸭的排泄物具有较高的能量，减少了系统对外部能量投入的依赖，提高了系统可持续生产的能力。稻草含能丰富，而常规稻作系统生产的稻草多被焚烧，只有少量草木灰投入农田，使稻草有机能大大浪费，从而增大对化石能的依靠。今后若能合理利用稻草，系统能流特征的各项指标将得到有效改善，有利于减少化肥、农药等人工合成物质在农田的投入，节约成本，增加农民收入，改善稻田生态环境。稻萍鸭共作生态系统的主导产业是水稻，水稻生产耗能也最大，而稻田养萍模式为该系统提供了优质有机肥，鸭子的排泄物也为该系统提供了有机肥源，从而可大幅度节约化肥投入，平衡土壤养分，增加系统养分盈余，具有较大的经济、生态和社会效益。

稻萍鸭共作的农牧结合模式不仅有利于生产无公害农产品，增加农民收入，满足市场需求，也使鸭子的生物学特性得到充分发挥，有效防治了稻田病虫草害，减少化石能投入，增大产出。因此，稻萍鸭共作生态模式通过添加稻田食物链环节，充分利用稻田资源，使稻田物质得到再循环利用，以保证稻作系统的永续性，增加系统稳定性，同时又能达到改善稻田生态环境的目的。

稻萍鸭生态种养的主要社会效益体现在以下几个方面：

1.有利于提高稻米食用安全性

稻米是我国广大市民消费量最多的主粮，因而人们十分关心稻米的食用安全，尤其是田头农药污染情况。有机磷农药是目前水稻害虫防治上使用最多的农药，用量大，频率高，农药残留问题严重。应用稻萍鸭共作技术防治害虫、杂草，可明显减少施药次数，一般可减少用药2～3次，有效地避免农药残留污染，确保食品安全。由于传统的农业生产使用除草剂除草，不仅导致植物多样性的减少，还使杂草产生抗药性，因而该技术还能促进对有益生物多样性的保护。稻萍鸭共作技术既能保证水稻优质高产，又可减少化学药品的投入，提高稻米食用的安全性。

2.有利于保护生态环境和生物多样性

化学农药、肥料对环境的污染成为当今世界共同关注的问题，部分农药一旦进入田间，要经过几年甚至几十年才能降解，长期使用农药不仅污染稻米，也对大气、土壤、水域产生污染，破坏生态环境，危及人类健康；化学肥料是环境的最大污染源，大量施用会增加空气和水中的氮含量，造成空气和水体污染。稻萍鸭共作技术初步形成水稻、家禽、绿萍的结合，丰富了水田生物物种，减少了农药和化学肥料的施用，有利于水田物种的恢复和保护。

3.有利于家禽养殖业的可持续发展

稻萍鸭共作技术是符合自然规律的养殖方式，鸭在稻田自由活动，以稻田害虫、杂草和红萍为食，因在稻田的自由活动，所以成品肉鸭的脂肪含量较少，营养丰富，口味佳，可促进家禽养殖业可持续发展。

4.显著提高农民收入

稻萍鸭共作技术生产绿色优质稻谷每亩600千克，按4.2元/千克计算，水稻收入2 520元/亩；无公害肉鸭15只/亩，每只60元，鸭收入900元/亩；2项合计收入3 420元/亩，除去鸭苗、稻种、饲料、机械、人工费用和投入品成本950元/亩，纯效益达2 470元/亩，是水稻常规种植效益的4～5倍。

有机水稻栽培模式，从稻萍鱼发展到稻萍鸭模式，都是在良好的稻田生态环境下生产出无公害、安全优质的大米、鱼、鸭肉等农产品，都是在稳定粮食产量的前提下，增加了水稻田动物蛋白的产出，均可获得较高的经济效益，值得应用与推广。

（四）稻萍鸭生态种养案例

案例1　稻萍鸭有机模式

由山华农业科技发展（兴化）有限公司发起并投资开发实施的稻萍鸭共作是一项集有机稻米生产与水禽养殖于一体的生态型标准化农业清洁生产模式，自该公司2005年落户江苏兴化荻垛镇以来，其生产技术日臻完善，操作流程更加规范，示范规模不断扩大，水稻产量稳步上升，综合效益显著提高。

稻萍鸭共作有机稻米生产基地（图2）常年示范种植590亩，水稻品种选用了适宜当地生产的迟熟中粳品种南粳46(适宜当地生产的中迟熟中粳品种，如：国内的淮稻5号、武运粳24、南粳46及日本的越光品

图2　稻萍鸭有机模式

种等），鸭子选择以体形较小的扬州太鸭、镇江役鸭为主，红萍采用本地品种。

（1）技术流程。稻田前茬为麦田或冬闲田，水稻于6月上旬开始移栽或机插。大田秧苗活棵后，分批投放5～7日龄的扬州太鸭，投放密度以30～31只/亩为宜。6月底每亩投入200～250千克本地绿萍。栽（机）插水稻须留边沟，采取大行宽株模式，株行距普遍为27厘米×24厘米，保持每亩密度在1.03万穴、基本苗4.32万丛左右，且水稻须长期保持10厘米左右的深水层。成鸭于水稻破口齐穗期（8月底或9月初）离田，转至河沟，围养育肥后上市，必须注重水稻后期的水浆管理，重点注意烤实稻田，水稻10月中下旬前后收割。

（2）效益分析。投放鸭子与红萍的稻田形成动植物共生的环境。杂食性较强的鸭子因其生活习性及其活动特点，可有效吃食稻田中的杂草和害虫，同时产生排泄物。红萍的固氮作用以及残体还田等，又可为水稻的正常生长提供肥力。鸭子活动产生的浑水效果还可刺激水稻分蘖，增强水稻的抗逆性。据2011年、2012年两年的追踪调查，2011年成鸭率81.3%，水稻亩平均产量为341.5千克，鸭子亩平均纯收入187.56元，稻米亩平均纯收入3 288.86元；2012年成鸭率86.5%，水稻亩平均产量472.5千克，鸭子亩平均纯收入182.69元，稻米亩平均纯收入4 408.8元。经济收益是常规栽培稻的3倍左右。稻萍鸭共作模式已被多数农户接受，推广面积已由2005年的130亩发展到现在的10 000多亩，辐射多个乡镇。目前，该项生产技术已由实践摸索逐步完善集成，一改原来稻田不用农药而导致的产量低下状态为少用部分有机生物农药，以防水稻破口齐穗期因鸭子离田后稻纵卷叶螟、褐飞虱等病虫危害对产量的影响。该模式得到了有关专家的肯定，同时也受到大批种稻农业户的青睐，有较高的社会影响率。

案例2　云和稻萍鸭模式

云和县地处浙江西南地区，为农业县。由于农田种粮效益低，农民增收困难的问题日趋严重。为解决这个难题，县农业科技人员在2000—2002年进行了稻萍鸭共作体系的试验示范；2003年在1 536亩稻田中采用稻萍鸭共作技术，在不中耕、不除草、不施农药防病治虫的情况下，平均亩产稻谷494千克，每亩比单作稻模式增产稻谷40千克，同时每亩节省农药、化肥等成本53元，每亩售鸭净收入210元，每亩累计增收302元。该技术的采用能有效地扭转近年出现的农田单纯种粮效益低，农民收入下降的趋势，可较好地实现农业增效、农民增收的目的。

（1）场地和品种的选择。稻萍鸭共育的场地应选择海拔低、土壤肥沃、水源充足、浮游生物及水生生物饵料丰富的稻田。水稻要选株高中上、茎秆粗壮、株型集散适中、抗逆性好的中迟熟优质杂交新组合或常规新品种。鸭应选择生活力和抗逆性强、适应性广、觅食能力强的浙江缙云麻鸭、湖南攸县麻鸭、福建金定麻鸭及江苏高邮鸭、四川建昌鸭。

（2）密度和放养时间。密度包括水稻栽插密度和鸭的放养密度。水稻以宽行窄株的移植方式较好（图3），株行距一般以15厘米×30厘米为宜；每亩放养鸭子15只左右，以7.5～10.5亩为一群。放养时间以水稻活棵始蘖，雏鸭鸭龄15～20天，体重150克左右为宜。

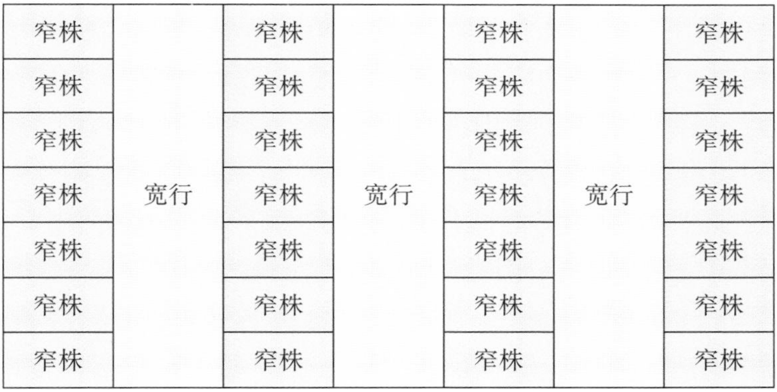

窄株		窄株		窄株		窄株
窄株		窄株		窄株		窄株
窄株		窄株		窄株		窄株
窄株	宽行	窄株	宽行	窄株	宽行	窄株
窄株		窄株		窄株		窄株
窄株		窄株		窄株		窄株
窄株		窄株		窄株		窄株

图3　水稻宽行窄株地

（3）做好饵料培养和防护设施。在水稻移栽后及时放养红萍，追施畜禽粪水，促其生长，为雏鸭提供生物饵料。雏鸭下田后，以群为单位，在稻田四周及时架设网栅栏，以防鸭子逃逸和其他有害生物袭击雏鸭。另外，为防止强光和暴雨，在稻田的一角为鸭子修建一个简易的休息、避难场所，以每10只鸭占0.75米^{2}的面积为宜。

（4）鸭的管理。主要在放养初期，雏鸭觅食能力差，需要在早、晚添补一些易消化、营养丰富的饲料，如碎米、麦、菜等，投放在为鸭子修建的简易棚内，让其自由采食，投饲量从多到少、晚多早少，一般投放20天就可停止。到水稻生长进入到灌浆期时要及时将鸭从稻田里收回，因此时鸭子个体生长较快，食量大，觅食能力强，如不及时回收，将会采食稻谷，造成水稻减产。

（5）稻田管理。在稀植培育壮秧的前提下，秧苗移栽前用高效低毒的对口农药防治病虫害。以翻耕移栽时一次性放足有机肥或复合肥为基础，做好大田的肥水管理。重点是把握稻田水分，因鸭属水禽，在稻间觅食活动期间，田面要有浅水层，深度以鸭脚刚踩到表土为宜，使鸭在活动过程能踩到泥，搅浑田水，起到中耕松土，促进水稻根蘖生长发育的作用。大田丰产沟要挖得深些，并在沟内始终保持3～5厘米深的水层，供鸭洗澡之需。大田一般不进行追肥，以鸭排泄物和红萍腐烂还田的肥土代替，如田土较瘠薄或基肥不足，稻体缺肥明显，则每亩施尿素15千克左右，促其生长发育。

案例3　湖阳稻萍鸭模式

稻萍鸭模式是利用水稻、鸭子、红萍的共生原理，以水稻种植为中心，以家鸭野养为特点的自然生态和人为干预相结合的复合生态系统，通过鸭子搅动浑水、吃虫和施肥等作用达到减少化肥施用量，少施或不施用农药的效果，实现稻田可持续种养、提高农产品品质和经济效益的目的。湖阳乡是农业大乡，水稻种植历史悠久，2002年曾出现种粮效益低下，农民增收困难的问题。为此，2003—2005年在450亩稻田中进行了稻萍鸭共作、点灯诱蛾的水稻种植试验示范，并取得了成功。据调查，与常规栽培田相比，稻萍鸭共作田减少化肥施用量41.5%、农药80.2%，每亩节约农药、化肥成本145元；另外，养鸭田水稻每亩增收稻谷42千克，折算收入每亩63元，养鸭纯收入每亩164元。因鸭苗、围栏、诱蛾灯等每亩增加成本190元，每亩获纯经济效益2 181元，十分可观，此生态种养技术适合在水稻产区大面积推广应用。

其技术要点如下：

（1）场地和品种选择。稻萍鸭共作的场地应选择无污染、土壤肥沃、水资源丰富、地势平坦、成方连片、便于灌溉的稻田。水稻要以大穗型株高适中、茎秆粗壮、株型集散适度、抗倒伏、抗病性强的优质高产品种为宜，如武运粳7号、常优1号等。鸭品种应选择生活力和抗逆性强、适应性广、爪子深长、觅食能力强、体型中等的麻鸭×野鸭杂交选育的役用鸭品种，如镇役鸭1号、镇役鸭2号、高邮麻鸭、巢湖麻鸭等。

（2）役用鸭饲养。

放鸭时间：栽后7～10天是杂草萌发的第一高峰期，数量大、发生早、危害重，是防除的重点，此时是放鸭的最佳时间。浮萍科、鸭舌草科等多种杂草为鸭所喜食，可利用鸭消灭；其他杂草可以通过践踏、挖掘产生浑水，使浑水中的泥浆堵塞杂草的气孔而消灭。

建好栏网设施：每15亩作为一个初放区，用竹竿插在稻田四周，并用锦纶网沿田埂围住，高度以0.6 ～ 0.8米为宜，每2米左右插一根小竹竿支撑，每4.35 ～ 7.5亩分割阻拦。同时，在稻田便于喂养鸭子的一角搭建一小窝棚，面积10 ～ 15米^2，便于喂鸭，也为鸭子休息和遮风避雨提供场所（图4）。

图4　栏网及鸭舍示意

放鸭的地点和密度：放鸭前在鸭棚地面一边铺好干稻草或稻壳，一边铺上编织袋，其上放雏鸭饲料，以使雏鸭尽早适应新环境，自动吃食和下水活动。按15 ～ 20只/亩的标准投放鸭苗，在一群鸭中放养3只7 ～ 14日龄的幼鸭，以起到遇外敌时预警、领头的作用。

做好饲养管理：①补料。15～25日龄的小鸭补配合料，每只每天补料50克；25日龄后，补喂混合饲料或小麦，每只每天补料50～70克，每天定时分早、晚两次补料，早补为日补量的1/3，晚补为2/3。肉鸭出田前15天，每只每天补料130克，并提高补料能量，以利催肥。补料时吹哨，以建立条件反射。②防病驱虫。鸭苗入田前注射预防鸭瘟的疫苗，25～30日龄接种禽霍乱菌苗，50日龄左右驱虫一次。③注意防天敌。鸭子天敌主要有黄鼠狼、蛇类、鼠类等动物，可采用专用脉冲通电栅栏围隔，但成本较高，也可采用锦纶网沿田埂围隔，防鸭外逃和天敌侵害。暴风雨前将鸭群收回鸭棚。每天巡查围网、清点鸭数。

适时适量放萍：鸭放到稻田20天左右，把预先繁殖的红萍放养到稻间，每亩投放绿萍400千克，形成稻萍鸭的自然生态系统，红萍既是鸭的直接补充饲料，又能引来部分食萍昆虫，增加鸭的动物饲料，红萍还有固氮功能，老化腐烂后是水稻优良的有机肥。

（3）水稻栽培。①育秧移栽。采用肥床旱育秧模式，以提高秧苗素质。当秧龄30天左右，叶龄4～5叶，苗高20～30厘米时，即可移栽大田。株行距宜控制在20厘米×23.3厘米左右，以便于鸭子的活动，每穴栽基本苗2～3株。②病虫害防治。稻田害虫主要靠鸭捕食，对于螟虫类等趋光性强的害虫，每30亩稻田安放一盏频振式诱蛾灯，点灯诱蛾，每天将诱集到的虫子喂鸭。一般情况下可不施或少施农药，必须防治时应选用高效、低毒、低残留农药。③水浆管理。采用该种植模式的田块不需烤田，田间保持3～5厘米浅水层，便于红萍生长和鸭子活动。田间只添水、不排水，排水会导致养分流失。④施肥技术。大田移栽时一次性施足基肥，每15亩施猪栏粪15吨或45%三元复合肥300千克。稻萍鸭共作时期内，一只鸭排泄在水田里的粪便大约30千克，相当于每亩施鸭粪0.4～0.5吨，须追肥。

（4）鸭出栏、稻收割。根据水稻田间生长情况，在水稻齐穗时，必须将鸭子从大田赶出，暂养在大田的沟渠中，否则鸭子大量采食稻穗，造成减产。10月1日开始分批出栏，公鸭可作为肉鸭出售，母鸭可以圈养成产蛋鸭。每只鸭重1.3～1.5千克。10月底左右待稻谷成熟后，适时收割、晾晒、销售。鸭、稻谷均为优质无公害的绿色产品，可通过订单收购加工，创立品牌，增值增效。

图书在版编目（CIP）数据

稻萍鸭生态种养技术／徐国忠主编．—北京：中国农业出版社，2020.5
（农业生态实用技术丛书）
ISBN 978-7-109-24601-0

Ⅰ．①稻… Ⅱ．①徐… Ⅲ．①水稻栽培②鸭-饲养管理 Ⅳ．①S511②S834

中国版本图书馆CIP数据核字（2018）第211009号

中国农业出版社出版

地址：北京市朝阳区麦子店街18号楼
邮编：100125
责任编辑：张德君 李晶 司雪飞 文字编辑：谢志新
版式设计：韩小丽 责任校对：吴丽婷
印刷：北京通州皇家印刷厂
版次：2020年5月第1版
印次：2020年5月北京第1次印刷
发行：新华书店北京发行所
开本：880mm×1230mm 1/32
印张：2.25
字数：45千字
定价：18.00元
